Bibliografische Information der Deutschen Nationalbibliothek:

Die Deutsche Bibliothek verzeichnet diese Publikation in der Deutschen Nationalbibliografie; detaillierte bibliografische Daten sind im Internet über http://dnb.d-nb.de/ abrufbar.

Impressum:

Druck und Bindung: Books on Demand GmbH, Norderstedt Germany
ISBN: 9783668259416

Dieses Buch bei GRIN:

http://www.grin.com/de/e-book/194693/mit-dem-gummiboot-ueber-die-donau-unterrichtsentwurf-im-fach-geographie

Franziska Sobania

Mit dem Gummiboot über die Donau. Unterrichtsentwurf im Fach Geographie in einer 6. Klasse

GRIN Verlag

Schriftlicher Unterrichtsentwurf

für die **erste benotete Lehrprobe**

im Ausbildungsfach **Geographie**

Thema der Stunde:
Mit dem Gummiboot über die Donau

Datum:	05. Mai 2011
Klasse:	6c

Inhaltsverzeichnis

1) Ziele der Stunde

Die Zielstellungen der vorliegenden Unterrichtsstunde orientieren sich an der aktuellen Klassensituation sowie am Kenntnisstand und den Lernvoraussetzungen der Schüler[1]. Folgende Zielformulierungen gehen auf das Kompetenzmodell des Thüringer Lehrplans für das Fach Geographie zurück[2].

1.1) Grobziel

Die Schüler gewinnen einen Überblick über Europa mit seinen wirtschafts- und sozialgeographischen Merkmalen sowie der physischgeographischen Vielfalt. Diese werden verschiedenen Großregionen und Ländern zugeordnet, um daran deren spezifischen Charakter zu verdeutlichen. Die Lernenden setzen sich anhand ausgewählter Beispiele mit topographischen und wirtschaftlichen Faktoren näher auseinander. Dabei eignen sie sich verstärkt die Methodenkompetenz an, indem sie sich mithilfe von einfachen Texten und Karten informieren und einfache Schaubilder, Diagramme sowie Profile auswerten. Die Schüler gewinnen zunehmend Fertigkeiten, ihre Arbeitsergebnisse abwechslungsreich darzustellen.

1.2) Feinziele

Lernziel im Bereich der Sachkompetenz

(1) Die Schüler erhalten in Form von fünf Schülervorträgen einen Überblick über allgemeine Informationen zum Fluss, die Donauländer, ausgewählte Landschaften, welche der Fluss durchfließt, Beispiele der Tier- und Pflanzenwelt entlang der Donau sowie der wirtschaftlichen Bedeutung des Stroms.

Lernziel im Bereich der Methodenkompetenz

(2) Die Lernenden entnehmen mit teilweise Hilfestellung der Lehrerin in einer Zeit von 15 Minuten einem Sachtext, einer Karte und/ oder einem Bild die im Expertenauftrag geforderten Informationen.

---

[1] Aus sprachökonomischen Gründen werden die Bezeichnungen Schüler, Heranwachsende und Lernende für beide Geschlechter verwendet.

[2] Vgl. *Thüringer Kultusministerium (Hrsg.):* Lehrplan für die Regelschule und die Förderschule mit dem Bildungsgang der Regelschule Geographie. Erfurt 1999.

(3) Die Heranwachsenden stellen ihre Arbeitsergebnisse mithilfe ihrer Aufzeichnungen in Form eines Schülervortrages anschaulich und inhaltlich richtig dar.

Lernziel im Bereich der Sozialkompetenz

(4) Die Lernenden festigen ihre Fertigkeiten zur Arbeit in Gruppen, indem sie mithilfe weniger Hinweise der Lehrerin die vereinbarten Verhaltensregeln akzeptieren und einhalten.

Lernziele im Bereich der Selbstkompetenz

(5) Die Heranwachsenden übernehmen zunehmend Verantwortung für den eigenen Lernprozess, indem sie das Arbeitsblatt mithilfe des Schülervortrages eigenverantwortlich vervollständigen.

(6) Die Schüler entwickeln ihre Fertigkeit und Bereitschaft weiter, den individuellen Lernzuwachs mit eigenen Worten am Ende der Stunde wiederzugeben.

2) Situation der Lerngruppe

2.1) Allgemeine Situation der Lerngruppe

2.1.1) Entwicklungs- und lernpsychologische Voraussetzungen

Die Schüler der Klasse 6c befinden sich im Alter zwischen 12 und 13 Jahren. Entwicklungspsychologisch und -physiologisch lassen sie sich demzufolge in die Phase der frühen Adoleszenz einordnen. In diesem Lebensabschnitt vollzieht sich für die Heranwachsenden ein bedeutender körperlicher, kognitiver und psychosozialer Reifeprozess[3].

Zimbardo spricht bezüglich der physischen Entwicklung von einem „präadoleszenten Wachstumsspurt“[4]. Dabei bezieht er sich auf die Veränderung der Körpergröße, des Gewichts sowie der Ausprägung der Geschlechtsmerkmale der Jugendlichen. Bezogen auf die Klasse 6c lässt sich dahingehend eine differente Entwicklung konstatieren. So sind O, B, I und A körperlich weiter entwickelt als ihre Mitschüler.

---

[3] Vgl. Zimbardo, Philip G.: Psychologie. 4. neubearbeitete Auflage. Berlin/ Heidelberg 1983. S. 147.
[4] Zimbardo. S. 147.

Desgleichen ist eine kognitive Entwicklung bei den Lernenden zu verzeichnen. Sie nutzen zunehmend ihre Kenntnisse und Erfahrungen, um Vorgänge und Tatsachen strukturiert zu realisieren. In diesem Zusammenhang festigen sie ihre motorischen und kreativen Fertigkeiten im Umgang mit Medien und Materialen, setzen eigene Begabungen um und fördern ihre Konzentrationsfähigkeit. Sie entwickeln im Arbeitsprozess ein individuelles Zeitmanagement, welches an die organisatorischen Rahmenbedingungen des Lernorts angepasst ist. Darüber hinaus betrachten sie eigene Defizite und Konflikte unter verschiedenen Blickpunkten und versuchen nachhaltige Lösungen zu finden[5]. Ferner entwickeln sie sukzessive ein Bewusstsein für die Bedeutung von Lerninhalten, obgleich nicht immer eine intrinsische Motivation vorherrscht. Heranwachsende, wie B, E, M und H haben diese „formal-operationale Phase“[6] bereits erreicht und bewegen sich allmählich auf die Jugendphase zu. Ihre Mitschüler befinden sich noch in einem frühen Stadium der „adoleszenten Phase der kognitiven Entwicklung“[7] und verfügen demnach in Ansätzen über diese psychische Reife. Diese entwicklungspsychologische Divergenz ist unter anderem auf individuelle Förderbedarfe einzelner Schüler zurückzuführen. A und O verfügen über Schwächen im emotionalen Bereich. Dies äußert sich bei beiden unter anderem häufig in der Form der Redeverweigerung. Das Schweigen ist zum Teil auch bei F zu beobachten. O besitzt zudem ein pädagogisches Gutachten im Bereich des Lernens.

2.1.2) Sozial-kulturelle Voraussetzungen

Die Schüler der Klasse 6c kommen aus dem Einzugsgebiet der Schule. Im Hinblick auf die sozialen Hintergründe herrscht eine starke Divergenz in der Klasse. Zwar stammen die Schüler überwiegend aus gut bis sehr gut situierten Familien, hingegen gibt es Lernende, deren Eltern aufgrund von Arbeitslosigkeit finanzielle Nöte aufweisen. Bezüglich der familiären Bedingungen der Schüler sind ebenfalls Unterschiede festzustellen. Sechs Schüler der Klasse wachsen in intakten Familienverhältnissen auf. Der Großteil lebt jedoch in Patchworkfamilien oder bei nur einem Elternteil. Alle Schüler der Klasse 6c sind in Deutschland geboren. Vier Lernende haben jeweils ein Elternteil, das einer anderen Nationalität angehört. Dies ist jedoch ausschließlich am Aussehen der Schüler zu erkennen (z. B. dunkle Hautfarbe).

---

[5] Vgl. Zimbardo. S. 147.
[6] Ebd.
[7] Ebd.

2.1.3) Sozial-kommunikative Voraussetzungen

Kennzeichnend für das Wesen der Klasse ist ihre nette und aufgeschlossene Art. Dies sorgt im Allgemeinen für eine angenehme Atmosphäre zwischen der Lehrerin und den Schülern im Unterricht und in den Pausen. Das nette Verhältnis und der Zusammenhalt zwischen den Klassenkameraden sind vor allem in kleinen Schülergruppen nachzuvollziehen. Darüber hinaus herrscht oft ein rauer und kühler Umgangston sowie Geschlechterkampf zwischen Jungen und Mädchen. Daraus hervorgehend lässt sich bezüglich der Gruppendynamik eine klare Geschlechtertrennung konstatieren.

Eine sehr enge, freundschaftliche Bindung besteht zwischen I und Q sowie zwischen N und P. Bei den Jungen lässt sich eine größere Gruppe erkennen, zu der F, D, C, E und M zählen. Eine kleine Jungengruppe setzt sich aus K, J und A zusammen. G, L, H und R können nicht konkret einer bestimmten Gruppe zugeteilt werden. Sie suchen zu vielen Mitschülern Kontakt.

Prinzipiell sind die Heranwachsenden der Klasse 6c lernwillig. Das ist anhand folgender Faktoren ersichtlich. Die Schüler akzeptieren das Ritual des individuellen Glockenschlags als Kennzeichen für den Unterrichtsbeginn und halten es ein. Daneben sind ihnen die Regeln zur Art und Weise des Meldens, für die Arbeitsweise in Formen des offenen Unterrichts sowie Gesprächsregeln bekannt, welche sie versuchen zu beachten[8]. Jedoch ist es zeitweise notwendig, verbale Impulse zur Einhaltung dieser Regeln zu geben. Diese nimmt ein Großteil der Heranwachsenden stets an und richtet ihr Handeln daran aus. Die Anzahl der negativ auffallenden Schüler beschränkt sich auf I und L. Sie ziehen es in Abhängigkeit ihrer Stimmung des Öfteren vor, private Gespräche zu führen und andere Mitschüler durch Zwischenkommentare vom Lernen abzulenken. Durch individuelle Zuwendung oder Ermahnung können sie jedoch beruhigt und zur Weiterarbeit an ihren Aufgaben motiviert werden.

Trotz der bestehenden Lernbereitschaft ist das Arbeitstempo der Klasse als sehr langsam einzustufen. Auch die Arbeitsweise der Schüler in offenen Unterrichtsformen kann noch verbessert werden. So fehlen ihnen weitestgehend Mut, Selbstbewusstsein sowie Elan, Problemstellung selbstständig zu bewältigen. Sie bevorzugen es, die Lehrerin um Rat zu fragen.

[8] Die Lernenden sind mit offenen Unterrichtsmethoden, wie zum Beispiel Freiarbeit, Lerntheke, Lernen an Stationen oder Galeriespaziergang vertraut.

2.2) Äußere Lernbedingungen

Der Klassenraum der 6c befindet sich im Erdgeschoss. Es ist ein mittelgroßer, heller Raum, der durch die farbigen sowie mit Bildern bzw. Plakaten behangenen Wände und Pflanzen auf dem Fensterbrett sehr freundlich wirkt. Die lange Fensterfront zeigt frontal auf eine stark befahrene Straße. Zudem steht auf der gegenüberliegenden Straßenseite eine Kirche, die zu jeder vollen Stunde ein Glockenspiel erklingen lässt. Das Öffnen des Fensters ist somit mit einem erhöhten Geräuschpegel verbunden, der in Arbeitsphasen oder Unterrichtsgesprächen einen Störfaktor darstellen kann.

Für die vorliegende Unterrichtsstunde werden ein Beamer sowie ein Laptop benötigt. Diese Geräte sind in dem Raum nicht fest installiert und eine Befestigungsvorrichtung ist dafür ebenso nicht vorhanden. Deshalb werden die Geräte provisorisch auf einer Schulbank in der Mitte des Raumes aufgestellt und der Beamer mithilfe von Schulbüchern höhenspezifisch ausgerichtet.

Um den Raum für die Lehrprobe vorbereiten zu können, wechseln die Schüler in der vorangehenden Stunde den Unterrichtsort. Zudem findet die Geographiestunde aus organisatorischen Gründen außerplanmäßig in der zweiten Unterrichtsstunde statt.

Da in der Schule der Blockunterricht umgesetzt wird, gibt es zwischen der ersten und zweiten Stunde keine Pause. Diese genannten Besonderheiten können sich negativ auf das Verhalten einzelner Schüler sowie den pünktlichen Unterrichtsbeginn auswirken.

2.3) Eigene Lehrsituation

Ich habe den Geographieunterricht der Klasse 6c im Januar 2011 übernommen. Da die Schüler dienstags und mittwochs in diesem Fach unterrichtet werden, verbringe ich wöchentlich eine Unterrichtstunde mit den Heranwachsenden. Hospitationen, Pausenaufsichten und die Projektwoche ermöglichten es mir den Kontakt zu vielen Schülern der Klasse 6c zu intensivieren. Die offene Unterrichtsform der Freiarbeit trägt weiterhin dazu bei, den Lernprozess der Heranwachsenden zu beobachten und den Schülern auch in anderen Unterrichtsfächern bei Bedarf Unterstützung anzubieten. Die aufgezeigten Aspekte verdeutlichen, dass sich durch den Kontakt über den eigenen Unterricht hinaus im Laufe der Zeit ein angenehmes Lehrer-Schüler-Verhältnis entwickelte. Exemplarisch hierfür stehen die freundlichen Begrüßungen vieler Schüler beim Betreten des Klassenraums oder die Kontaktaufnahme zu mir in den Pausen seitens der Mädchen und einiger Jungen.

Die Schüler können meine Rolle und Funktion innerhalb der Klasse einordnen und haben mich als Lehrerin akzeptiert. Zusammenfassend kann ich sagen, dass ich mich sehr wohl in der Klasse fühle.
Es schlagen sich drei persönliche Schwerpunkte meiner Ausbildung in der vorliegenden Unterrichtssituation nieder. Zum Einen erziele ich die Aktivierung aller Schüler im Unterricht. Durch selbstständiges Erarbeiten und Vorstellen von Unterrichtsinhalten kann ein positiver Lernzuwachs verzeichnet werden. In diesem Zusammenhang ist auf den zweiten Schwerpunkt, der Förderung der Selbst- und Sozialkompetenz hinzuweisen. Offene Unterrichtsformen bieten sich diesbezüglich an. Letztlich möchte durch die abwechslungsreiche und anschauliche Gestaltung des Unterrichts die Motivierung der Schüler erzeugen, sodass sie sich aktiv am Geschehen beteiligen.

3) Didaktische Überlegungen und methodisches Herangehen

3.1) Einordnung der geplanten Unterrichtssituation in die Unterrichtseinheit

Datum	Thema	inhaltliche Schwerpunkte
05.04.2011 06.04.2011	*Europa - ein großes, veränderbares Puzzleteil*	• Erdgeschichte Europas → Zeitalter → Entstehung und Entwicklung der Lebewesen → plattentektonische Prozesse (Experiment)
12.04.2011	*Die Entstehung der Alpen*	• Phasen der Alpenentstehung → Lauftexte und Arbeitsblatt → wichtige Begriffe: Sedimentation, Überschiebung und Faltung, Verwitterung
13.04.2011	*Vom Frühling in den Winter wandern*	• Veränderung des Klimas und der Vegetation mit zunehmender Höhe → Höhenstufeneinteilung nach Höhenmetern → Höhengrenzen → Vegetation in den Höhenstufen
04.05.2011	*Mit dem Lkw durch die Alpen*	• Verkehrwege in den Alpen → Lerntheke → Autobahn, Fernstraßen, Passstraßen, Pässe → wichtiger Begriff: Transitverkehr
05.05.2011	*Mit dem Gummiboot über die Donau(1)* ***(Lehrprobe)***	• Donau als Verbindungsglied zwischen Mittel- und Osteuropa • Fluss anhand verschiedener Schwerpunkte kennenlernen → Gruppenarbeit → allgemeine Informationen, Länder, Landschaften, Lebewesen, Wirtschaft → Arbeitsblatt
10.05.2011	*Mit dem Gummiboot über die Donau (2)*	• Donau als bedeutender Schifffahrtsweg • Renaturierung des Donaudeltas
11.05.2011	*Expertenreise durch Mitteleuropa*	• Festigung bislang erlernten Wissens zu Mitteleuropa in Form verschiedener Rätsel → Freiarbeit

3.2) Einbettung der geplanten Unterrichtssituation

<u>Ziele der vorangegangenen Stunde</u>

Lernziel im Bereich der Sachkompetenz
Die Lernenden erarbeiten sich anhand der formulierten Arbeitsaufträge in der Lerntheke eigenständig Informationen zu den Verkehrswegen in den Alpen.

Lernziel im Bereich der Methodenkompetenz
Die Heranwachsenden entnehmen Sachtexten und Verkehrskarten selbstständig wichtige Informationen zu den Verkehrswegen in den Alpen und notieren sie stichpunktartig in ihren Hefter.

Lernziel im Bereich der Sozialkompetenz
Die Schüler sind zunehmend in der Lage, die ihnen bekannten Verhaltensregeln während der Lerntheke mithilfe von Impulsen der Lehrerin zu respektieren und einzuhalten.

Lernziel im Bereich der Selbstkompetenz
Die Heranwachsenden sind zunehmend imstande, ihre Aufzeichnungen mithilfe von Lösungsblättern eigenverantwortlich zu vergleichen, zu ergänzen und zu berichtigen.

⇩

<u>Ziele der geplanten Stunde</u>

Siehe Kapitel 1) S. 1.

⇩

<u>Ziele der nachfolgenden Stunde</u>

Lernziel im Bereich der Sachkompetenz
Die Heranwachsenden können die wirtschaftliche und natürliche Bedeutung der Donau unter Berücksichtigung ihrer Aufzeichnungen mit eigenen Worten wiedergeben.

Lernziel im Bereich der Methodenkompetenz
Ausgewählte Lernende festigen ihre Lesekompetenz, indem sie einen Sachtext laut und deutlich vorlesen und im Anschluss daran Fragen mithilfe des Textes in vollständigen Sätzen beantworten.

Einzelne Schüler festigen ihre Lesekompetenz, indem sie einen Sachtext leise und aufmerksam mitlesen und im Anschluss daran Fragen mithilfe des Textes in vollständigen Sätzen beantworten.

Lernziel im Bereich der Selbst- und Sozialkompetenz
Die Schüler sind weitestgehend der Lage, die ihnen bekannten Verhaltensregeln während des Vorlesens selbstständig zu respektieren und einzuhalten.

3.3) Sach-Struktur-Diagramm[9]

Mit dem Gummiboot über die Donau

Donau als Fluss, Lebens- und Wirtschaftsraum

Kenntnisse aus vergangenen Schuljahren

Kl.5:
- Umgang mit dem Atlas
- räumlich orientieren und Lagebeziehungen erfassen
- ausgewählte Landschaften und Gewässer kennenlernen und zuordnen

Beziehungen zu weiteren Inhalten des Faches im laufenden Schuljahr

Europa im Überblick:
- räumliche Orientierung in Europa
- Möglichkeiten und Formen europäischer Zusammenarbeit kennenlernen (Wirtschaft, Verkehr)

Leben und Wirtschaften in europäischen Großregionen:
- Hauptstädte im östlichen Mitteleuropa untersuchen (z. B. Budapest)

Ost- und Südosteuropa:
- kulturelle und religiöse Vielfalt erforschen

Aufnahme der Lerngegenstände in nachfolgenden Schuljahren

- zunehmende Methodenkompetenz im Umgang mit dem Atlas

Kl. 9: Der russische Kulturerdteil
- wirtschaftliche und soziale Situation analysieren (z. B. Ukraine)

Kl. 9: Der Kulturerdteil Lateinamerika:
- soziale ökonomische und ökologische Folgen Amazoniens – Zerstörung natürlicher Lebensgrundlagen

Kl. 10: Der Einfluss der Menschen im Raum – ausgewählte regionale Aspekte
- Verflechtungen Deutschlands im Lebens- und Wirtschaftsraum Europa (z. B. Donau)

Verbindungen zu Inhalten anderer Fächer

Musik:
- Erkennen musikalischer Gestaltungsmittel zur Umsetzung außermusikalischer Inhalte (z. B. Johann Strauß: An der schönen blauen Donau)

Kunst:
- Anwendung von Farbkontrasten in einer Bildgestaltung (z. B. Aquarelle)
- Strukturen in der Natur (z. B. Wasser)

[9] Es ist hierbei zu erwähnen, dass genannte, inhaltliche Schwerpunkte exemplarisch gelten. Vgl. Thüringer Kultusministerium (Hrsg.): Lehrplan für die Regelschule und die Förderschule mit dem Bildungsgang der Regelschule Geographie. Erfurt 1999, Vgl. Thüringer Kultusministerium (Hrsg.): Lehrplan für die Regelschule und die Förderschule mit dem Bildungsgang der Regelschule Kunst. Erfurt 1999. S. 24/ 25, Vgl. Thüringer Kultusministerium (Hrsg.): Lehrplan für die Regelschule und die Förderschule mit dem Bildungsgang der Regelschule Musik. Erfurt 1999. S. 26.

3.4) Sachanalyse

Die Auseinandersetzung mit großen Flüssen als wirtschaftliche Lebensadern ist laut des Thüringer Lehrplans eine bedeutende Thematik innerhalb des Geographieunterrichts der Klassenstufe 6. Grundsätzlich wird es der Unterrichtseinheit Ost- und Südosteuropa zugeordnet[10]. Da in der vorliegenden Unterrichtssituation die Donau näher beleuchtet wird, die ein Verbindungsglied zwischen Mittel- und Osteuropa darstellt, ist es möglich, diese Thematik bereits in der Unterrichtsreihe Mitteleuropa zu behandeln.

Mit einer Länge von 2845 km ist die Donau der zweitlängste Fluss Europas. Er entspringt im Schwarzwald aus den Quellflüssen Breg und Brigach. Auf seinem langen Weg bis hin zur Mündung in das Schwarze Meer fließt der Strom durch zehn europäische Staaten und zahlreiche Landschaften. Außerdem weist die Donau eine große Artenvielfalt der Flora und Fauna auf und verfügt über eine weitreichende wirtschaftliche Bedeutung.

Die Staaten, die der Fluss durchquert, werden auch als Donauländer oder Donauanrainerstaaten bezeichnet. Dabei fließt die Donau durch das Landesinnere einiger Nationen hindurch. Zwischen anderen Ländern, wie zum Beispiel Rumänien und Bulgarien, bildet sie die Landesgrenze. Zu den Donauländern gehören: Deutschland (Berlin), Österreich (Wien), Slowakei (Pressburg), Ungarn (Budapest), Kroatien (Zagreb), Serbien (Belgrad), Bulgarien (Sofia), Rumänien (Bukarest), Moldau (Chisinau) sowie die Ukraine (Kiew). Darüber hinaus teilt man „[...] weite Teile der Tschechischen Republik, Sloweniens, Montenegros und Bosnien-Herzegowinas [dem] Einzugsgebiet der Donau [zu], fünf weitere Länder steuern kleinere Gebietsanteile bei“[11]. Damit ist die Donau „[...] der ‚internationalste' Fluss der Welt“[12]. Daher kann man den Donauraum als Vielvölkerregion bezeichnen, in der ca. 81 Millionen Menschen leben. Davon wohnen allein 26,79 % in Rumänien, 12,47 % in Ungarn, 11,60 % in Deutschland, 11,11 % in Serbien und Montenegro und 9,51 % in Österreich[13]. In 17 Sprachen verständigen sich die Einwohner des Donaugebiets. Während seines Verlaufs durch die Donauanrainerstaaten fließt der Strom auch durch zahlreiche Tiefländer sowie Mittelgebirge und streift zwei Hochgebirge am Fuß. Das differenzierte Relief, durch das sich der Fluss zieht, bildet einen Grund für die artenreiche Flora und Fauna. Pflanzen und Tiere haben sich an verschiedene

[10] Vgl. Thüringer Kultusministerium (Hrsg.): Lehrplan für die Regelschule und die Förderschule mit dem Bildungsgang der Regelschule Geographie. Erfurt 1999. S. 26.

[11] Internationale Kommission zum Schutz der Donau (IKSD): DonauBox. Wien 2008. S. 213.

[12] Ebd.

[13] Vgl. ebd. S. 217.

Umweltbedingungen angepasst. Deshalb sind sie in der Lage die Donau als Lebensraum zu besiedeln. Zu den physikalischen Umweltbedingungen gehören Fließgeschwindigkeit, Temperatur, Sauerstoffgehalt sowie die Lichtdurchlässigkeit des Wassers. Nahrungsquellen, Fressfeinde sowie Konkurrenz um Unterschlüpfe stellen biologische Einflussfaktoren dar[14]. Neben dem Flusswasser sind auch die Flussauen ein bedeutender Lebensraum für Pflanzen und Tiere. Die Donauauen können zwischen 100 m Breite an seichten Flusshängen und 20 km Breite an der unteren Donau in Rumänien erreichen. Vor allem Naturkatastrophen in Form von Hochwasser prägen diese Auenregionen und beeinflussen dadurch das Wachstum der Pflanzen und die Ansiedlung von Tieren. Angepasst an diese Einflussfaktoren leben über 300 Vogelarten, aber auch Fische, Säugetiere und Reptilien in und an der Donau. Ferner kann man eine abwechslungsreiche Pflanzenwelt von feinen Gräsern bis hin zu riesigen Bäumen bewundern. Diese Vielfalt der Flora und Fauna ist nicht zuletzt ein Grund dafür, dass im Donauraum zahlreiche Naturschutzgebiete, wie zum Beispiel das Donau-Delta-Biosphären-Reservat oder der Persina Nationalpark in Bulgarien, bestehen.

Die Donau ist nicht nur Lebensraum sondern auch ein bedeutender Wirtschaftsraum. Er bildet zum Einen ein Verbindungsglied zwischen Nordsee und Schwarzem Meer. Ein Vorteil dieser durchgängigen Binnenwasserstraße liegt vor allem darin, dass auch Länder, die nicht direkt am Meer liegen, einen Zugang zu zwei Meeren erhalten. Dadurch können Transportprobleme minimiert werden. Es werden vorrangig große, nicht verderbliche Waren, wie zum Beispiel Holz, Kies und Sand sowie große Mengen an Benzin und Dieselkraftstoffen transportiert[15]. Des Weiteren ist die Donau ein beliebtes Erholungsziel vieler Touristen und Wasserfreunde. Es werden Kreuzfahrten und kleine Dampfertouren angeboten. Für die Actionfreunde gibt es Jet-Ski-Ausleihstationen, Schlauchboot- und Kanufahrten. Die Vielfältigkeit der Donau macht den Fluss somit zu einem einzigartigen Gewässer.

3.5) Didaktische Reduktion

Wie im Lernziel 1 beschrieben wird, erhalten die Schüler in der vorliegenden Unterrichtssituation einen Überblick über ausgewählte geographische Schwerpunkte zur Thematik *Große Flüsse als wirtschaftliche Lebensadern* am Beispiel der Donau.

---

[14] Vgl. ebd. S. 59.
[15] Vgl. Czekalia, Dieter; Werner, Steffen (Hrsg.): Terra. Geographie 5/6. Gotha 2005. S. 190.

In einer Gruppenarbeit erarbeiten sie allgemeine Informationen zum Fluss, Länder und Landschaften, die der Strom durchfließt, die Donau als Lebensraum für Pflanzen und Tiere sowie deren wirtschaftliche Bedeutung. Während der Zusammenarbeit mit ihren Mitschülern fördern die Lernenden, die im Lernziel 2 und 3 dargelegte Methodenkompetenz sowie die in Lernziel 4 aufgezeigte Sozialkompetenz.
Hinsichtlich der allgemeinen Informationen zur Donau ist die Benennung der Quelle, Mündung, Quellflüsse sowie der Länge des Flusses bedeutend. Zur Förderung der räumlichen Orientierung lernen die Heranwachsenden die Donauländer und ihre Hauptstädte kennen. In diesem Zusammenhang sollen die Schüler auch erfahren, dass der Fluss zahlreiche Landschaften durchquert. Davon werden der Schwarzwald, die Südkarpaten, die Walachei sowie das Donaudelta herausgegriffen und näher beleuchtet. Des Weiteren lernen die Schüler, dass die Donau auch ein Lebensraum für eine artenreiche Flora und Fauna darstellt. Beispielhaft stellen sie jeweils zwei Pflanzen und Tiere vor. In der Auseinandersetzung mit dem Fluss ist der wirtschaftliche Schwerpunkt der bedeutendste. Die Lernenden sollen erkennen, dass die Donau ein wichtiges Verbindungsglied zwischen der Nordsee und dem Schwarzen Meer aufweist und Ländern, die nicht direkt am Meer liegen, einen Zugang zu zwei Meeren ermöglicht. Diesbezüglich erfahren sie, dass der Strom ein Transportweg für Güter und Waren ist. Überdies gilt der Fluss als Erholungsort, der die Realisierung verschiedener Freizeitaktivitäten ermöglicht.
Zur Sicherung der Informationen zu den fünf Schwerpunkten vervollständigen die Heranwachsenden während der Schülervorträge im Anschluss an die Gruppenarbeit ein Arbeitsblatt und übernehmen damit, wie dem Lernziel 5 zu entnehmen ist, zunehmend Verantwortung für den eigenen Lernprozess. Letztlich fördern sie, laut Lernziel 6, ihre Fertigkeiten, ihren individuellen Lernzuwachs mit eigenen Worten wiederzugeben.
In der folgenden Stunde wird die natürliche und wirtschaftliche Bedeutung der Donau inhaltlich vertieft. Die Länder und Landschaften spielen bei der Überleitung zur nächsten Unterrichtseinheit Ost- und Südosteuropa eine zentrale Rolle.

3.6) Didaktische Überlegungen und methodische Entscheidungen

Um bei den Schülern Interesse und Neugier für das Thema *Große Flüsse als wirtschaftliche Lebensadern* zu entwickeln, wird es in eine Rahmengeschichte gehüllt. *Mit dem Gummiboot über die Donau* lautet der Titel dieser Unterrichtssituation. Es geht darum, dass die Lernenden im ersten Teil der Stunde ihre eigene Expertentour über die Donau organisieren und innerhalb einer Gruppenarbeit spezifische Themen ausarbeiten.

Während sie im zweiten Teil der Stunde mit dem Gummiboot über den Fluss paddeln, machen sie an fünf Stationen eine Rast und gehen an Land. An jeweils einer Station darf ein Expertenteam seine erarbeiteten Informationen aus dem ersten Unterrichtsabschnitt vorstellen.

Da in der Schule kein allgemeines Signal zum Stundeneinstieg und -abschluss vorzufinden ist, wird der Unterrichtsbeginn mit einem individuellen Glockenklang angekündigt, welches den Schülern bekannt ist. Um einen angemessenen Einstieg in die Stunde zu ermöglichen sowie das bereits seit dem Beginn der Klasse 5 bestehende Ritual des gegenseitigen Begrüßens weiterzuführen, erfolgt dieses zunächst zwischen den Schülern und mir. Dabei sitzen die Heranwachsenden aufrecht und ruhig auf ihren Plätzen und ich stehe präsent vor ihnen. Weil die vorliegende Stunde außerplanmäßig durchgeführt wird, besteht die Möglichkeit, dass sich die Schüler zum Unterrichtsbeginn nicht an ihrem Platz befinden oder eine allgemeine Unruhe im Klassenraum besteht. Durch verbale Hinweise meinerseits sollen die Heranwachsenden beruhigt werden, sodass der Unterricht begonnen werden kann.

Im Anschluss an die Begrüßung leite ich zur Phase der Motivierung und Zielstellung über. Um die Neugier der Schüler für das Stundenthema zu erzeugen, zeige ich ihnen ein Feature. Sie sollen versuchen mithilfe der gezeigten Bilder, Wortimpulse sowie der eingespielten Musik „Er hat ein knallrotes Gummiboot" das Thema der Stunde herauszufinden. Diese Form des Einstiegs fördert ihre Bereitschaft, sich auf einen neuen Stundeninhalt einzulassen. Da die Lernenden der Klasse 6c sehr neugierig sind und sich gern von verschiedenen Faktoren ablenken lassen, nutze ich für die Durchführung des Features eine Powerpointpräsentation und sehe von der lehreraktiven Umsetzung dieser Methode via Polylux und Folien ab. Dadurch gewährleiste ich die Aufmerksamkeit der Lernenden auf die Bilderabfolge. Mit der Wahl der Bilder soll das Interesse der Heranwachsenden geweckt werden. Dies kann jedoch bei bestimmten Bildern zu lautem Gelächter bei einigen Schülern führen. Sollte sich diese Unruhe nicht wieder einstellen, erfolgen verbale Hinweise meinerseits. In einem sich daran anschließend Unterrichtsgespräch stellen die Schüler ihre gesehenen Eindrücke vor und erschließen bei Bedarf mit unterstützenden Impulsen durch mich das Thema der aktuellen Unterrichtssituation. Nach der Feststellung dessen erkläre ich in Form des Lehrervortrages unter Zuzug einer Powerpointpräsentation den Verlauf sowie die Zielstellung der Stunde. Zudem beantworte ich eventuell auftretende Fragen seitens der Schüler. Die Powerpointpräsentation dient der Veranschaulichung des Unterrichtsablaufs. Dadurch können die Lernenden diesen besser nachvollziehen. Der Anspruch des Lehrervortrages liegt darin, dass die Heranwachsenden aktiv zuhören. Zwar dauert diese Erklärung nur wenige Minuten, dennoch kann dabei eine Unruhe bei Schülern, wie zum Beispiel L oder I aufgrund mangelnder Konzentrationsfähigkeit auftreten. Diese äußert sich in Form von Zwischenrufen. In diesem Fall verweise ich die störenden Schüler auf die Verhaltensregeln während eines Vortrages.

In der Erarbeitungsphase beschäftigen sich die Schüler in Gruppen mit verschiedenen Themen bezüglich der Donau. Unter Berücksichtigung des eingeschränkten Zeitrahmens werden die Lernenden bereits vor Beginn der Unterrichtsstunde durch Platzkärtchen in die Gruppen eingeteilt. Hinsichtlich der vorbestimmten Gruppeneinteilung beziehe ich mich auf die Aussagen der Schüler, die diese Zuordnungsform in der Reflexion nach einer Gruppenarbeit zu einem anderen Thema wenige Wochen zuvor mehrfach positiv erwähnten. Um dennoch eine reibungslose Zusammenarbeit zwischen den Schülern zu sichern, teilte ich sie in Absprache mit der Klassenlehrerin in fünf Gruppen ein[16]. In diesem Zusammenhang berücksichtigte ich die Leistungsfähigkeit der Schüler und richtete die Themenvergabe daran aus. Zur individuellen Förderung der Sozial- und Selbstkompetenz des Einzelnen erhalten die Mitglieder innerhalb der Gruppe eine besondere Funktion als Checker, Lautstärke-Chef, Team-Manager oder Zeitwächter[17]. Dadurch ergibt sich folgende Verteilung:

Thema der Gruppe	**Gruppenmitglieder**			
	Checker	**Lautstärke-Chef**	**Team-Manager**	**Zeitwächter**
Infoexperten	A			N
Länderexperten	B	F	J	O
Landschaftsexperten	C	G	K	P
Pflanzen- und Tierexperten	D	H	L	Q
Wirtschaftsexperten	E	I	M	R

Alle Materialien, die die Schüler zur Bearbeitung sowie Präsentation der Expertenthemen benötigen, liegen bereits auf den Gruppentischen bereit. Damit werden die körperliche

[16] Diese Absicherung ist auf den allgemein rauen Umgangston zwischen den Mitschülern zurückzuführen. Siehe hierzu Kapitel 2.1.3) S. 4.

[17] Siehe Kapitel 5.2). S. 25.

Unruhe im Klassenraum sowie der Zeitverzug aufgrund der Materialbeschaffung vermieden[18]. Da jedes Expertenteam eine leistungsspezifische Heterogenität aufweist, verfügen die Expertenaufträge und -texte über ein differenziertes Anforderungsniveau. Eine explizite Kennzeichnung wird dahingehend nicht vorgenommen, um mögliche verbale Angriffe der Gruppenmitglieder untereinander zu vermeiden. Zum Einen differiert der Umfang des Expertenauftrags je nach Anzahl der Gruppenmitglieder. Zum Anderen entsprechen die einzelnen Aufgaben innerhalb einer Gruppe unterschiedlich hohen Leistungsansprüchen. Da die Heranwachsenden ihre eigene Leistungsfähigkeit in der Regel gut einschätzen können, ist davon auszugehen, dass sie die Aufträge innerhalb der Gruppe dementsprechend gut verteilen. Auch die Überschriften der Expertentexte verdeutlichen diese Differenzierung. Demnach wird sich beispielsweise in der Gruppe der Wirtschaftsexperten I mit dem Text *Die Donau als Erholungsort* befassen, da er im Vergleich zu den anderen Expertentexten kurz ist und das Interesse der Schülerin anspricht. Demgegenüber gehe ich davon aus, dass E einen der beiden anderen Texte liest, da er sehr wissbegierig ist und sich gern mit anspruchsvolleren Inhalten beschäftigt. Des Weiteren ist auf jedem Expertentisch ein Umschlag zu finden, auf dem *Expertenzusatz* geschrieben steht. Dieser darf geöffnet werden, wenn der Expertenauftrag in der Gruppe vollständig bearbeitet wurde. Dann kann das Expertenteam die verbleibende Lern- und Arbeitszeit effektiv nutzen und themenspezifische Rätsel bearbeiten oder Spiele spielen. Mithilfe der Bereitstellung von Zusatzaufgaben berücksichtige ich die Individualität der Arbeitsweise und des Arbeitstempos der einzelnen Gruppen. Ferner wird das angenehme Lernklima aufrechterhalten. Damit sich die Heranwachsenden noch intensiver auf das Thema einlassen können, spielt in der Arbeitsphase eine entspannende Wassermusik im Hintergrund. Gleichsam wird dadurch ihre Konzentrationsfähigkeit gefördert. Während der Erarbeitungsphase ziehe ich mich aus dem Geschehen zurück, stehe den Schülern aber bei Fragen zur Verfügung. Vielmehr fungiere ich in dieser Zeit als Beobachter der Lerngruppe und mache mir Notizen zu deren Arbeitsweise[19].

Im Allgemeinen herrscht in der Klasse 6c ein sehr angenehmes Arbeitsklima während der Umsetzung von offenen Unterrichtsformen. Sollte wider Erwarten das angenehme Lernklima durch einen zu hohen Lautstärkepegel gestört, fixiere ich die Namen der Störenden an der Tafel. Diese Form der Ermahnung kennen die Schüler, akzeptieren sie

---

[18] Siehe Kapitel 5.3). S. 26ff.
[19] Siehe Kapitel 5.4). S. 44.

und versuchen ihr Verhalten im laufenden Unterricht zu verbessern. Es besteht die Möglichkeit, dass Schüler aus gesundheitlichen Gründen dem Unterricht nicht beiwohnen. In diesem Fall erfolgt eine Kürzung des Arbeitsauftrages im entsprechenden Expertenteam.
In der Phase der Präsentation und Ergebnissicherung stellen die fünf Expertenteams ihre erarbeiteten Informationen aus der Gruppenarbeit in Form eines Schülervortrages vor. Um einen geordneten Ablauf zu gewährleisten, moderiere ich diesen Teil der Stunde. Als visuelle Unterstützung beziehe ich zwischen den einzelnen Vorträgen die Powerpointpräsentation ein. Die Bedeutung des Schülervortrages besteht darin, dass sich alle Experten einer Gruppe aktiv daran beteiligen. Die Art und Weise der Aktivität kann dabei variieren (etwas zeigen, erklären, erzählen). Dadurch wird die Teamarbeit geschult. Da alle Schüler während der Präsentation der Expertenteams aktiv sein sollen, vervollständigen die Zuhörer während des Vortrages ein Arbeitsblatt. Dieses Material teile ich vor Beginn der Schülervorträge aus. Es liegt in fünffacher Ausführung vor. Die Gruppe, die ihre Ergebnisse referiert, kann nicht gleichzeitig das Arbeitsblatt ausfüllen. Daher ist der geographische Schwerpunkt, den dieses Expertenteam vorstellt auf dem Arbeitsblatt vollständig vorhanden[20]. Durch die Vorbereitung der verschiedenen Arbeitsblätter können sich die Heranwachsenden auf jeden Vortrag konzentrieren, ohne die Aufzeichnungen der eigenen Präsentation auf das Arbeitsblatt übertragen zu müssen. Somit werden verbale Wiederholungsaufforderungen während der Präsentation seitens der Schüler weitestgehend minimiert. Sollten dennoch viele Zwischenrufe erfolgen, verweise ich die Lernenden darauf, dass in der folgenden Geographiestunde das Arbeitsblatt verglichen wird und freie Lücken auf dem Arbeitsblatt dabei ergänzt werden können.
Jedes Expertenteam steht eine Vortragszeit von drei Minuten zur Verfügung. Ungeachtet dessen habe ich in der Unterrichtsplanung einen Zeitpuffer in Länge von 2 Minuten integriert, da folgende Faktoren eine Verzögerung hervorrufen können:

- Expertenvortrag überschreitet die Zeitvorgabe
- Schüler benötigen zu viel Zeit, um sich vor der Tafel zu positionieren/ auf den Platz zu setzen

Sollte die Präsentationsphase dennoch länger dauern, wirkt sich das auf die Methode der Reflexion aus.
Die Wahl der Methode für die Phase der Reflexion fiel auf das Blitzlicht. Die Aufgabe für jeden Heranwachsenden besteht darin, den unvollständigen Satz: *Ich habe heute gelernt,*

[20] Siehe Kapitel 5.5). S. 45ff.

*dass...*mit eigenen Worten zu beenden und somit ihren persönlichen Lernzuwachs wiederzugeben. Um einen geordneten Ablauf zu gewährleisten, wird eine Flasche Sonnenmilch umhergereicht. Der Schüler, der die Flasche in der Hand hält, ist an der Reihe. Hat er den Satz beendet wählt er den nächsten Lernenden aus und reicht ihm die Flasche. Die Sonnenmilch hat nicht nur eine organisatorische Funktion sondern auch eine symbolische Bedeutung. Sie soll einerseits den roten Faden des Themas beibehalten und andererseits hervorheben, dass der in der aktuellen Unterrichtssituation erworbene Lernzuwachs geschützt werden und nicht wieder in Vergessenheit geraten soll. Auch in diesem Teil der Stunde beziehe ich die Powerpointpräsentation ein. Bevor ich die Heranwachsenden in die Pause entlasse, bitte ich sie, die Arbeitsblätter abzugeben und mir beim Umräumen des Klassenzimmers in den Originalzustand behilflich zu sein.

Es kann passieren, dass O und A aufgrund ihres pädagogischen Gutachtens im Bereich des Sozialverhaltens ihren individuellen Lernzuwachs verbal nicht äußern möchten. Sie erhalten die Möglichkeit, den Satz schriftlich zu vervollständigen. Sollte die Zeit am Ende der Stunde aufgrund oben genannter Faktoren nicht mündlich umsetzbar sein, werde ich als Alternative Notizzettel bereitstellen. Das Blitzlicht wird dann schriftlich umgesetzt.

4) Geplanter Unterrichtsentwurf

Zeit (min)	Stundenphase	Medien/ Material	Lehrertätigkeit / Schülertätigkeit	Methode	SF	LZ
1	**Einstieg**		L: - signalisiert Stundenbeginn mit Glockenzeichen L: - begrüßt die S S: - begrüßen die L L: - leitet Unterricht ein und verweist auf Feature - stellt Aufgabe: *Schaut euch die Bilder aufmerksam an und versucht herauszufinden, worum es in der heutigen Stunde geht.* - lässt einen S Aufgabe mit eigenen Worten wiedergeben S: - erklärt Aufgabe mit eigenen Worten	LV		
8	**Motivierung und Zielorientierung**	Beamer Laptop	L: - spielt Feature vor und sorgt bei Bedarf für Ruhe S: - verfolgen Feature aufmerksam L: - stellt Aufgabe: *Nennt Bilder, die ihr euch gemerkt habt.* S: - mögliche Antworten: Donau, Schiffe, Jet-Ski, Gummiboot, Bäume, Vogel, Frosch, Erholungsraum, Transportweg, Landschaften, Länder L: - stellt Aufgabe: *Nennt das Thema der heutige Stunde.* - gibt unterstützende Impulse S: - mögliche Antworten: die Donau erkundschaften, Reise auf der Donau	Feature UG	EA	
			L: - erklärt Inhalt und Ziel der heutigen Stunde	PPP		
15	**Erarbeitungsphase**	Atlas Lehrbuch Material der GA Musik	S: - bearbeiten in Gruppen den themenspezifischen Expertenauftrag L: - stellt Musik an - füllt Beobachtungsbogen aus - sorgt bei Bedarf für angenehme Arbeitsatmosphäre - steht bei Fragen zur Verfügung und gibt Hilfestellungen		GA	LZ 2 LZ 4

18	**Präsentation und Ergebnissicherung**	Beamer Laptop Anschau-ungs-material Karteikarten Arbeitsblatt Wandkarte	L: - moderiert die Vorstellung der Expertenvorträge - teilt Arbeitsblätter aus S: - jedes Expertenteam stellt die erarbeiteten Informationen in einem Vortrag vor - alle S, die nicht vortragen, hören aufmerksam zu und ergänzen Informationen auf dem Arbeitsblatt	SV Arbeits-blatt vervoll-ständigen		LZ 1 LZ 3 LZ 5
3	**Reflexion**	Beamer Laptop Sonnen-milch	L: - erklärt die Form der Reflexion: *Vervollständige den Satz: Ich habe heute gelernt, dass…* - gibt Beispiel vor und reicht Sonnenmilch weiter S: - geben Lernzuwachs wieder und reichen Sonnenmilch an nächsten Schüler - mögliche Antworten: … die Donau der zweitlängste Fluss Europas ist. … die Donau durch zehn europäische Länder fließt. … man auf der Donau Jet-Ski fahren kann. … die Donau ein wichtiger Transportweg ist. - hören sich gegenseitig aufmerksam zu L: - sammelt Arbeitsblätter ein - bittet um Hilfe bei Umräumen des Klassenzimmers - verabschiedet die S in die Pause	Blitzlicht		LZ 6

EA	= Einzelarbeit	LV	= Lehrervortrag	S	= Schüler
GA	= Gruppenarbeit	LZ	= Lernziel	SV	= Schülervortrag
L	= Lehrerin	PPP	= Powerpointpräsentation	UG	= Unterrichtsgespräch

5) Anhang (Auszüge)

5.1) Sitzplan

5.2) Besondere Funktionen in der Gruppe

5.3) Beobachtungsbogen

5.1) Sitzplan

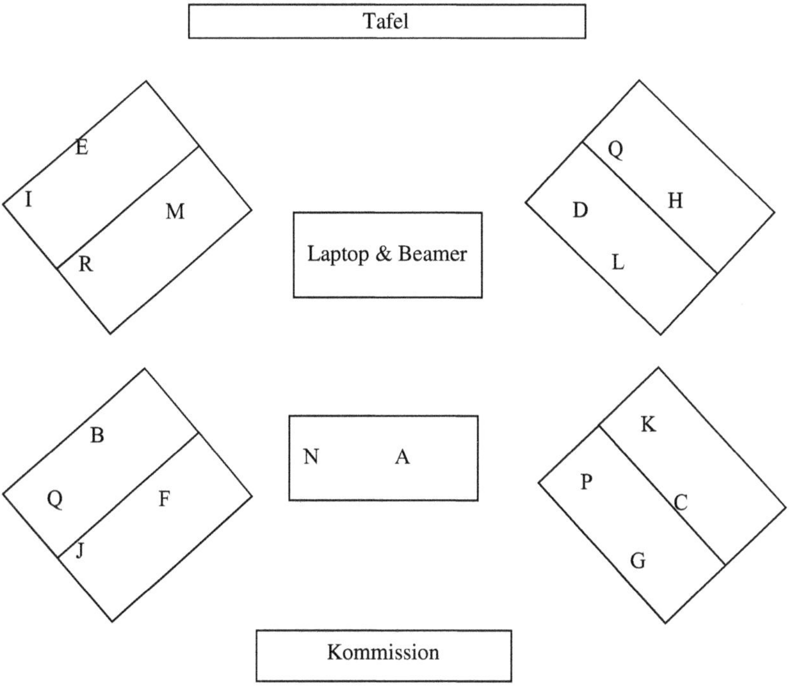

5.2) Besondere Funktionen in der Gruppe

Zeitwächter	Du verlierst nie die Arbeitszeit aus dem Blick, die euch zur Verfügung steht. Außerdem achtest du darauf, dass alle Gruppenmitglieder die Zeit für die Bearbeitung der Aufgaben nutzen.
Checker	Du stellst sicher, dass alle Gruppenmitglieder die Aufgaben verstanden haben.
Team-Manager	Du achtest darauf, dass ihr im Team arbeitet und sich jeder an der Bewältigung der Aufgaben beteiligt.
Lautstärke-Chef	Du sorgst für eine ruhige Arbeitsatmosphäre in der Gruppe.

5.4) Beobachtungsbogen

	Name	++	+	0	-	Verhaltensauffälligkeiten
Infoexperten	N					
	A					
Länderexperten	O					
	B					
	F					
	J					
Landschaftsexperten	G					
	P					
	K					
	C					
Pflanzen- und Tierexperten	Q					
	D					
	L					
	H					
Wirtschaftsexperten	I					
	E					
	M					
	R					

++ = sehr gute Einhaltung der Verhaltensregeln
+ = gute Einhaltung der Verhaltensregeln
0 = kaum Einhaltung der Verhaltensregeln
- = keine Einhaltung der Verhaltensregeln

Literatur- und Quellenverzeichnis

Literatur

Czekalia, Dieter; Werner, Steffen (Hrsg.): Terra. Geographie 5/6. Gotha 2005.

Gartz, Detlef: Sozialpsychologische Entwicklungstheorien. Von Mead, Piaget und Kohlberg bis zur Gegenwart. 3. erweiterte Auflage. Wiesbaden 2006.

Internationale Kommission zum Schutz der Donau (Hrsg.): DonauBox. Wien 2008.

Thüringer Kultusministerium (Hrsg.): Lehrplan für die Regelschule und die Förderschule mit dem Bildungsgang der Regelschule Geographie. Erfurt 1999.

Thüringer Kultusministerium (Hrsg.): Lehrplan für die Regelschule und die Förderschule mit dem Bildungsgang der Regelschule Kunsterziehung. Erfurt 1999.

Thüringer Kultusministerium (Hrsg.): Lehrplan für die Regelschule und die Förderschule mit dem Bildungsgang der Regelschule Musik. Erfurt 1999.

Zimbardo, Philip G.: Psychologie. 4. neu bearbeitete Auflage. Berlin/ Heidelberg 1983.